Enikö Schröter

Die Thames Barrier

Unter Betrachtung von Hochwasser- und Wasserrahmenrichtlinie

GRIN Verlag

Bibliografische Information der Deutschen Nationalbibliothek:

Die Deutsche Bibliothek verzeichnet diese Publikation in der Deutschen National-
bibliografie; detaillierte bibliografische Daten sind im Internet über http://dnb.d-
nb.de/ abrufbar.

Impressum:

Copyright © 2007 GRIN Verlag GmbH
Druck und Bindung: Books on Demand GmbH, Norderstedt Germany
ISBN: 978-3-640-21309-2

Dieses Buch bei GRIN:

http://www.grin.com/de/e-book/118261/die-thames-barrier

<u>Die Thames - Barrier</u>

Unter Betrachtung von Hochwasser- und Wasserrahmenrichtlinie

<u>Inhalt</u>

Abb.1; Quelle: maps.google.de

1. Einleitung

Die Bedrohung durch Flutkatastrophen an Küsten und Flüssen ist ein Problem mit zunehmender Bedeutung. In England und Wales leben rund 5 Millionen Menschen in gefährdeten Regionen (www.environment-agency.co.uk). Wahrscheinlich werden es in Zukunft jedoch weitaus mehr sein, wenn sich die Gefahren, die mit der globalen Erwärmung in Verbindung gebracht werden, verstärken. Ein große Flutkatastrophe würde voraussichtlich nicht nur das Leben tausender Bewohner Londons Kosten, sondern auch enorme Verluste an Infrastruktur, Gewerbeflächen und ökologisch schützenswerten Regionen bedeuten.

Um dieser Gefahr zu entgehen, beschloss die britische Regierung 1974 den Bau eines Flutsperrwerkes bei London, der Thames Barrier. Vor fast genau 24 Jahren, im Mai 1984, weihte Queen Elisabeth II die zweitgrößte bewegliche Hochwasserschutzanlage der Welt ein. Sie soll einen aktiven Beitrag zum Küstenschutz leisten, indem sie die Millionenstadt London und die umliegenden Regionen vor Sturmfluten aus der Nordsee schützt.

Hier stellt sich allerdings die berechtigte Frage, warum eine Stadt, die sich nicht unmittelbar an der Meeresküste befindet, zum Instrument des Küstenschutzes werden konnte. Die vorliegende Ausarbeitung soll Antworten auf genau diese Frage geben und gleichzeitig klären, welchen Einfluss Wasserrahmen- und Hochwasserschutzrichtlinie auf Bauwerke wie diese ausüben. Ein wichtiger Teil dieser Arbeit ist weiterhin die Frage, ob das Sperrwerk möglichen Fluten angesichts des Klimawandels auch in Zukunft standhalten kann oder es notwendig sein wird, über alternative Sicherheitsmaßnahmen nachzudenken.

2. Eigenschaften der Themse – Gründe für den Bau

Die Themse ist ein durch Südengland verlaufender Fluss, der London mit der Nordsee verbindet. Die Quelle der Themse liegt in der Nähe des Dorfes Kemble in den Cotsworlds. Mit einem mittleren Abfluss von 66 m³/s fließt sie u.a. durch Oxford, Windsor und die Londoner Innenstadt, bevor sie nach 365 km in einem Ästuar in die Nordsee mündet. Da man in der Themse erstmals wieder nach 30 Jahren Seepferdchenpopulationen beobachten kann, wird die Wasserqualität des zweitlängsten Flusses Englands insgesamt als gut charakterisiert (wtg.vivawasser.de).

Kennzeichnend für den Fluss und gleichzeitig Hauptursache für den Bau der Thames Barrier ist die Tatsache, dass die Themse ca. 90 km vor der Mündung beginnt, erste Anzeichen einer Tidenaktivität zu zeigen. Ausserdem enthält das Wasser in London leichte Anteile von Meersalz. Der Einfluss der Nordsee macht sich somit bis London bemerkbar (wtg.vivawasser.de).

Hinzu kommt, dass die Themse ein Fluss mit hohem Flutpotential ist und Überschwemmungen Londons eine ernstzunehmende Gefahr waren und sind. In der Vergangenheit kam es zu zwei Flutkatastrophen, die prägend für die folgenden Aktivitäten im Hochwasserschutz waren: Im Jahr 1914 wurde das Zentrum Londons geflutet und 14 Menschen ertranken. 1953 hatte eine Flutkatastrophe an der Ostküste Englands (London eingeschlossen) über 300 Opfer gefordert (www.environment-agency.co.uk).

Im Vergleich zu Hochwasserkatastrophen wie sie beispielsweise Anfang dieses Jahrtausends in Deutschland zu verzeichnen waren, sind diese Opferzahlen zwar sehr gering, erschreckend war jedoch damals nicht die Zahl der Opfer, sondern die Gewissheit, dass ein Hochwasser der Themse die Londoner Innenstadt erreichen und sämtliche infrastrukturelle Einrichtungen lahm legen konnte.

Zu den Hauptursachen solcher Hochwasser zählen die so genannten *Sprungwellen*. Sie bilden sich in Zonen atmosphärischen Tiefdrucks vor der Küste Kanadas und entstehen, wenn sich ein Tiefdruckgebiet über den Atlantik bewegt und das Wasser darunter über den normalen Level ansteigt und einen so genannten „Wasserberg" bildet. Diese bewegen sich mit einer Geschwindigkeit von 80-95 km/h an den britischen Inseln vorbei (www.environment-agency.co.uk).

Durch Winde können Teile dieser Wasserberge auch in die Themse gedrückt werden und zu Hochwassern führen (wwp.greenwich2000.com). Als weitere Ursache lässt sich das allmähliche Absinken des südöstlichen Teils Englands anführen, ein Prozess der mit dem Ende der letzten Eiszeit einsetzte und dazu führt, dass der Wasserstand der Themse jährlich um 6 cm ansteigt und so eine zunehmende Bedrohung für Menschen, Infrastruktur, Wirtschaft, Trinkwasserreserven und Naturschutz darstellt (www.thamesweb.com). Eine Flutkatastrophe würde tausende Wohn- und Wirtschaftsgebäue betreffen, den Londoner Untergrund lahm legen, Abwasseranlagen zerstören und die Telefon- und Gasversorgung behindern (www.thamesweb.com). Eine Überschwemmung Central Londons würde einen Schaden von geschätzten 20 Milliarden Pfund (www.floodlondon.com) und Zerstörungen an Big Ben, Westminster Abbey sowie dem Tower of London verursachen (www.news.bbc.co.uk). Es würde Monaten dauern, diese Schäden zu beheben (www.environment-agency.co.uk).

3. Schutz vor der Flut – Die Thames Barrier

3.1 Warum ein solches Sperrwerk?

Vor diesem Hintergrund war die Regierung eindeutig zum handeln gezwungen. Doch welche Möglichkeiten gibt es, sich vor einer solchen Gefahr zu schützen? Die traditionelle Lösung eines Hochwasserproblems ist das Erhöhen und Verstärken der Seitenwände, wie es beispielsweise in den 30er und 70er Jahren in London geschah. Diese Möglichkeit bietet viele Vorteile: Die Wände sind stabil, permanent und leicht zu errichten. Allerdings würde das ständige Erhöhen der Seitenwände die Themse zunehmend einbetonieren, von den Blicken der Einheimischen und Touristen versperren und London müsste eines seiner schönsten touristischen Ziele einbüßen (www.environment-agency.co.uk).

Abb. 2; Quelle: www.royal-navy.mod.uk)

Die favorisierte Flutbekämpfungsstrategie ging weit über das Erhöhen der Seitenwände hinaus: Mehrere Jahre Forschung führten zu dem Entschluss, eine bewegliche Flutbarriere mit eingeschlossenen Toren bei Woolwich Reach zu errichten. Dieses Bauwerk, kombiniert mit an manchen Stellen trotzdem notwendigen Erhöhungen der Seitenwände, hat die Vorteile, dass sie ausreichenden Schutz vor Hochwasser bietet, das Landschaftsbild lediglich in Maßen beeinflusst und einen geringen Einfluss auf die für den Standort London wichtige Schifffahrt ausübt. Denn wie in Abbildung 2 zu sehen, ist es auch großen Schiffen mit bis zu 16 Metern Tiefgang möglich, dass Sperrwerk zu passieren (www.environment-agency.co.uk).

3.2 Ausmaße

Bei einer Breite von 520 Metern besteht das Sperrwerk aus 10 beweglichen Toren unterschiedlicher Größe (Siehe Abb.3), von denen die 4 größten bis zu 20 Metern hoch sind und bis zu 3300 Tonnen wiegen. Jedes dieser Haupttore kann einer Belastung von 9000 Tonen standhalten. Trotz ihrer Ausmaße, kann die Barrier innerhalb nur weniger Minuten geschlossen werden (www.environment-agency.co.uk). Die Dauer der Schließzeit macht das Sperrwerk einziartig (www.jh-reisen.de)

Das Fundament der Barrier fragt bis 17 Meter in den kalksteinhaltigen Untergrund, das entspricht 4 übereinander gestapelten Doppeldeckerbussen (www.floodlondon.com).

Insgesamt waren 4000 Menschen am Bau beteiligt, der 500 Millionen Pfund an Kosten verschlang (wwp.greenwich2000com). Um das Funktionieren des Sperrwerkes zu sichern, sind jährlich weitere 6 Millionen Pfund an Investitionen in Wartungsarbeiten notwendig (www.environment-agency.co.uk). Mehr als 80 Mitarbeiter beobachten rund um die Uhr das Wetter und sind für Betrieb und Wartung der Barriere verantwortlich. Gefährliche Situationen können somit bis zu 36 Stunden im Voraus angekündigt werden (www.environment-agency.co.uk).

Aufgrund ihrer Ausmaße wird die Thames Barrier oftmals auch als 8. Weltwunder bezeichnet (wwp.greenwich2000com).

3.2 Funktionsweise

Wenn es zu einer Hochwasserwarnung kommt, werden die Tore ein einer bestimmten Reihenfolge geschlossen. Zunächst erfolgt die Schließung der 4 kleinsten Tore am Nord- und Südufer des Sperrwerks. Dann werden die vier Haupttore zugesperrt, als letztes schließen sich die beiden mittelgroßen Tore beidseitig der Haupttore. Das Senken der Tore erfolgerst wieder, wenn der Wasserstand auf beiden Seiten der Tore gleich hoch ist, um eine Flutwelle in die eine oder andere Richtung zu vermeiden (www.wasistwas.de).

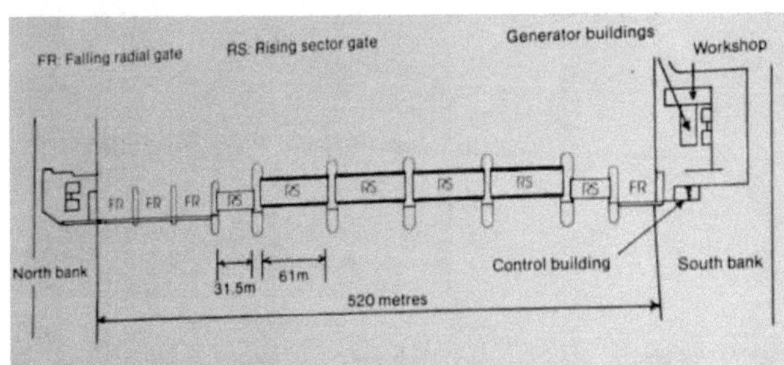

Abb.3; Quelle: www.teamdochnoch.de

Im Normalzustand bleiben die Tore unter der Wasseroberfläche verborgen. Jedes Tor hat die Form eines Halbkreises und liegt bei geöffnetem Zustand vollständig in einer Mulde im Fundament, den so genannten Drempel (siehe Abb.4 und 5).

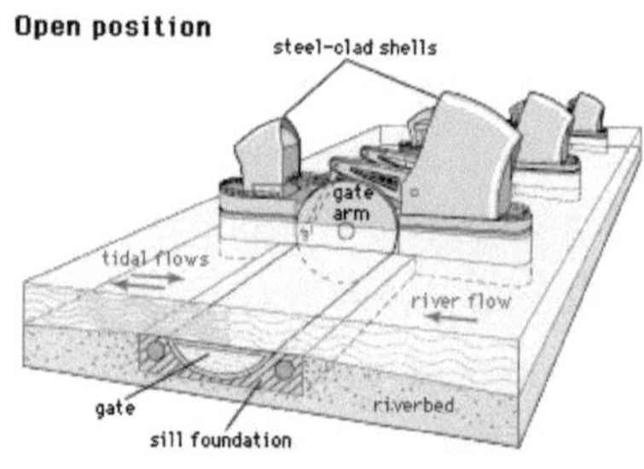

Abb.4; Quelle: www.britannica.com/ebc/art-316/The-Thames_Barrier-consists-of-10-movable-gates-separated-by

Abb.5; Quelle: www.freefoto.com/preview/31-69-5?ffid=31-69-5&k=The+Thames+Barrier

Bei Gefahr werden die Tore hydraulisch gehoben und quer zum Flusslauf gedreht. Dies geschieht mit Hilfe der 9 Pfeiler, die sich permanent oberhalb der Wasseroberfläche befinden und die Tore über Kräne um 90° aus dem Flussbett drehen (siehe Abb. 6 und 7). Geschlossen kann die Barrier den über 500 Meter breiten Fluss komplett sperren und eine mögliche Flutwelle abfangen.

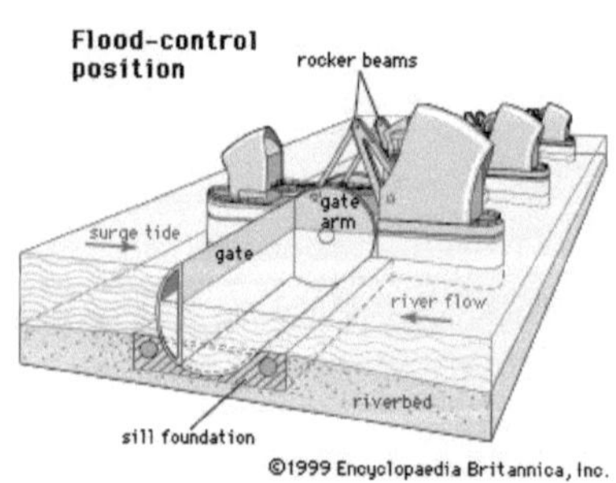

Abb. 6; Quelle: www.britannica.com/ebc/art-316/The-Thames_Barrier-consists-of-10-movable-gates-separated-by

Abb. 7; Quelle: www.thamesweb.com/topic.php?topic_name=Flood%20Defence

Die Tore werden aufgrund ihrer Beweglichkeit auch Radialtore genannt. Sie verfügen über einen Drehsegmentverschluss (siehe Abb. 8 und 9), wie man ihn ebenfalls bei der Arzal - Schleuse in Frankreich und beim Ems – Sperrwerk in Niedersachsen finden kann. Das bedeutet, dass man die Tore in die gewünschte Position drehen kann und so keine solch tiefen Fundamente benötigt, wie es bei einem hebbaren Tor der Fall wäre. Weiterhin wird durch diese Konstruktion eine Sedimentation verhindert, da die Transportfracht bei geöffnetem Zustand über die Tore fließen kann und in geschlossenem Zustand aus der Einbuchtung im Fundament geschoben wird.

Abb.8; Quelle:
www.teamdochnoch.de/AQUA/FloodBarrier/flood
_p6.html

Abb.9; Quelle:
www.teamdochnoch.de/AQUA/FloodBarrier/flood
_p7.html

Die Thames Barrier ist ein wichtiger Bestandteil der Flutbekämpfung in London und hat in hohem Maße zum Schutz vor Hochwassern und zur Sicherheit der Bevölkerung beigetragen:

„London enjoys a very high standard of defence thanks to the Thames Barrier",
so Peter Borrows vom britischen Umweltamt (news.bbc.co.uk).

Doch kann das Sperrwerk vor dem Hintergrund des Klimawandels auch in Zukunft ein solch hohes Maß an Sicherheit garantieren oder wird es notwendig sein, über mögliche Alternativen nachzudenken?

4. Kann das Sperrwerk dem Klimawandel standhalten?

Wie bereits erwähnt, steigt die Gefahr von Überflutungen ständig. Sie stellen eine Gefahr für immer mehr Menschen dar, da London noch immer eine Wachstumsregion ist und stetig an Bevölkerung gewinnt. Hinzu kommt, dass die daraus resultierende zunehmende Versiegelung die natürlichen Wasserrückhalteflächen immer mehr dezimiert und die Errichtung von Industriehäfen und Containerumschlagplätzen den Flusskörper eindämmt (KLEEFELD, 2001). Abbildung 10 zeigt die Zahl der Torschließungen des Sperrwerks in einem 20 jährigen Zeitrahmen von 1983 bis 2003. Bis auf einige „Ausreißer" ist deutlich zu erkennen, dass es bis 2003 immer häufiger notwendig wurde, die Barrier zum Einsatz zu bringen.

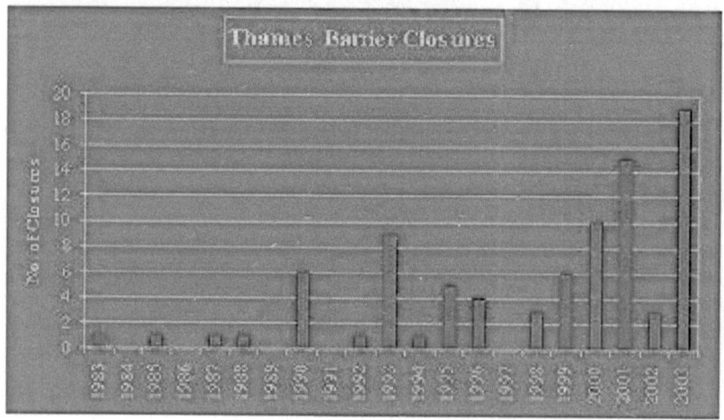

Abb. 10; Quelle: www.thamesweb.com/topic.php?topic_name=Flood%20Defence

Seit der Inbetriebnahme wurde die Barrier 106 Mal geschlossen, davon 4 Male in den 80er, 35 Male in den 90ern und 67 Male mit Beginn des neuen Jahrtausends. Das heißt konkret, dass sich mehr als die Hälfte aller Torschließungen seit dem Jahr 2000 ereignet haben. Glaubt man den Ansichten der Forscher, könnte es im Jahr 2100 bis zu 200 Schließungen *im Jahr* kommen (www.environment-agency.co.uk).

Obwohl das Sperrwerk aktuell ein hohes Maß an Sicherheit bietet und mit Hilfe einiger bautechnischer Veränderungen noch lange Zeit nutzbar sein könnte, kann es in seinem derzeitigen Zustand keine dauerhafte

Sicherheit bieten, da die Wasserstände der Themse ständig ansteigen. Bisher sprach man von einem globalen Anstieg des Wasserspiegels um durchschnittlich 22 Zentimeter pro Jahrhundert. Das Schmelzen von Gletschern und Polkappen wird diesen Betrag voraussichtlich noch erhöhen, weshalb sich Prognosen auf einen Anstieg von 31 Zentimetern und mehr belaufen. Aus diesem Grund werden die Tore des Sperrwerkes Flutwellen irgendwann nicht mehr standhalten können (www.floddlondon.com):

„Climate change experts say the existing Thames barrier [...] may not be able to cope with rising tides." (news.bbc.co.uk)

Allerdings war das Themse-Sperrwerk von vornherein konstruiert worden, um London lediglich bis 2030 vor Flutwellen zu schützen. Das kontinuierliche Ansteigen der Wasserstände ist also ein Problem, dessen man sich bereits zur Planungs- und Bauzeit durchaus bewusst war. Ausserdem bekannt war damals die Tatsache, dass die Barrier ihren Zweck eine gewisse Zeit erfüllen kann, ohne weitere Maßnahmen in Zukunft jedoch nutzlos werden würde (www.thamesweb.com).

5. Thames Estuary 2100

Um dieses Frage zu beantworten, führt das britische Umweltamt eine Reihe von Studien durch, die das in Zukunft zu erwartende Flutrisiko aufzeigen sollen. Unter dem Namen *„Thames Estuary 2100"* wird ein Flut-Management-Plan entwickelt, der die Veränderungen im Wasserstand bis 2100 aufzeigt und gleichzeitig Aussagen über die notwendigen Maßnahmen trifft und so über die Zukunft der Thames Barrier entscheidet.

Hochwasser ist ein natürliches Phänomen, das sich nicht verhindern lässt. Allerdings tragen bestimmte menschliche Tätigkeiten (wie die Zunahme von Siedlungsflächen und Vermögenswerten in Überschwemmungsgebieten sowie die Verringerung der natürlichen Wasserrückhaltefähigkeit des Bodens durch Flächennutzung) und Klimaänderungen dazu bei, die Wahrscheinlichkeit des Auftretens von Hochwasserereignissen zu erhöhen und deren nachteilige Auswirkungen zu verstärken. Wie man in Zukunft in London und Umgebung gegen Hochwasser angehen wird, hängt maßgeblich davon ab, in welchem Umfang sich der Klimawandel auf den Ästuar der Themse auswirken wird. Momentan gibt es Unstimmigkeiten darüber, welchen Einfluss mögliche Klimaveränderungen haben und wann wir mit ihnen rechnen müssen. Fakt ist allerdings, dass die Maßnahmen zur Flutbekämpfung in Zukunft mit hoher Wahrscheinlichkeit verstärkt werden müssen und auch kostspieliger werden (te2100.dialoguebydesign.net).

Die folgende Abbildung zeigt Handlungsansätze für ein geringes, mittleres und hohes Ansteigen des Wasserpegels der Themse.

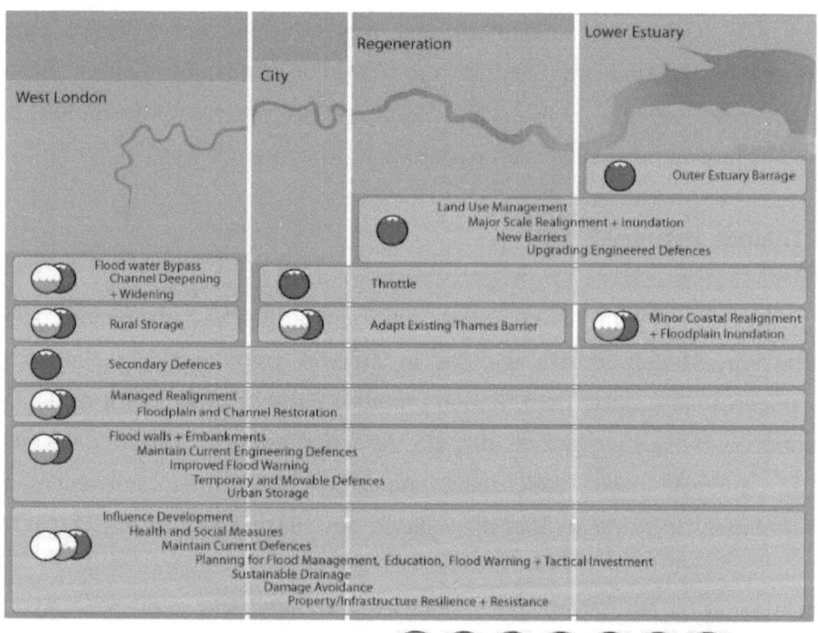

Abb.11; Quelle: te2100.dialoguebydesign.net/dbyd.asp

Das Szenario des geringen Anstiegs erfordert keine zusätzlichen Maßnahmen, sondern lediglich das Erhalten und Warten der vorhandenen Schutzeinrichtungen. Bei einem mittleren Ansteigen wäre ein Verstärken der bereits vorhandenen Anlagen notwendig, denkbar ist Beispielsweise das Erhöhen der Seitenwände oder Errichten von Drainagen. Sollte es zu einem hohen Wasseranstieg kommen, werden sich die erforderlichen Maßnahmen auch dementsprechend umfangreicher gestalten: Man müsste gegebenenfalls über die Konstruktion einer neuen Barrier nachdenken, eventuell in einer anderen Lage. Bereits Anfang 2005 wurden Pläne bekannt, wonach die Thames Barrier ab 2030 durch ein neues Sperrwerk ersetzt werden soll. Dieses soll auf einer Länge von etwa 16 km zwischen Sheerness und Southend direkt in die Themsemündung gebaut werden (www.jh-reisen.de/london-greenwich.htm). Die ingenieurtechnischen Anforderungen an eine neue Barriere würden parallel zu den enormen Wassermassen ansteigen, genau wie das Erfordernis nach besseren und umfassenderen Frühwarnungs- und Kontrollsystemen (te2100.dialoguebydesign.net).

6. Hochwasser- und Wasserrahmenrichtlinie

Ein solches Hochwassermanagement, wie es in Großbritannien gerade durchgeführt wird, ist wichtiger Bestandteil der **Hochwasserrichtlinie**. Die Richtlinie umfasst eine Risikobewertung und die Kartierung von Risikogebieten entsprechend sehr wahrscheinlicher Szenarien bis hin zu Extrem-Szenarien. Darüber hinaus müssen bis spätestens 2015 Risikomanagementpläne zur Bewältigung der Herausforderungen von Hochwasserschäden erstellt werden (www.bund.net). Ziel der Richtlinie, die bis 2009 in internationale Recht umgesetzt werden soll, ist es, die hochwasserbedingten nachteiligen Folgen auf die menschliche Gesundheit, die Umwelt, das Kulturerbe und wirtschaftliche Tätigkeiten zu verringern (eur-lex.europa.eu). Der Richtlinienvorschlag ist Teil eines Aktionsprogramms, das die Europäische Kommission auf Grund entsprechender Schlussfolgerungen des Umweltrats aus dem Jahre 2004 als Reaktion auf die Extremhochwasserereignisse der vergangenen Jahre in vielen europäischen Flussgebieten vorgelegt hat. Das Aktionsprogramm umfasst außerdem verstärkte Forschungsaktivitäten und Hinweise zur Finanzierung von Maßnahmen zur Vorsorge gegen Hochwasserrisiken und zum Hochwasserschutz (www.bmu.de).

In welchem Zusammenhang stehen die relativ neuen Regelungen der Hochwasserrichtlinie nun zur **Wasserrahmenrichtlinie**?

Zunächst ist die Hochwasserrichtlinie mit der WRRL zu koordinieren, insbesondere was die Beschreibung von Einzugsgebieten und die Bewirtschaftungspläne für die Einzugsgebiete sowie die Verfahren für die Konsultation und Information der Öffentlichkeit angeht (www.wasserwirtschaft.steiermark.at). Dabei sollen die von den Mitgliedstaaten getroffenen Maßnahmen zum Hochwasserschutz und die Anwendung der Wasserrahmenrichtlinie aufeinander abgestimmt werden (www.bmu.de). Jedoch ist damit nicht sichergestellt, dass die Ziele der WRRL, nämlich das Erreichen des guten chemischen und ökologischen Zustands europäischer Gewässer, tatsächlich den nötigen Vorrang erhalten, da die HWRL nicht in der WRRL verankert ist, d.h. dass es in der neuen Richtlinie keine Vorrangstellung der Zielsetzungen der WRRL und die vollständige Einbindung des Hochwasserrisikomanagements in die WRRL-Umsetzung gibt. Weiterhin sollen zum Beispiel Überflutungsgebiete erhalten bzw. wieder hergestellt werden und weitere bauliche Maßnahmen möglichst vermieden werden. Strikte Vorschriften bezüglich künstlichen Hochwasserverbauungen gibt es jedoch in der neuen Richtlinie nicht; Umweltverbände wie der WWF kritisieren die HWRL daher als zu wenig weitgehend (www.bund.net).

Zum Erreichen des guten chemischen und ökologischen Zustands wäre es ausserdem sinnvoll, natürliche Lebensräume wie Auen zum Hochwasserschutz zu nutzen. Allerdings stehen die Anforderungen der

Schifffahrt und die aktuellen Vorstellungen des technischen Hochwasserschutzes diesem Vorhaben entgegen.

6. Fazit

Das Themsesperrwerk ist somit eines von vielen Beispielen, das den Gegensatz zwischen der Absicht, möglichst nachhaltig und umweltverträglich zu handeln und der Notwendigkeit, Personen und Siedlungsräume vor Gefahren der Natur zu schützen auzeigt.

Auf der einen Seite ist ein umfassendes Hochwassermanagement unabdingbar, denn:

„Ein 100-jährliches Hochwasser (HQ100) kommt nicht erst in hundert Jahren, sondern es kann bereits nächste Woche eintreten und nächstes Jahr wieder.“
(www.wasserwirtschaft.steiermark.at)

Abb. 12; Quelle: www.dokufoto.de

Aus diesem Grunde sollten zum Schutz des Menschen und seines Lebens-, Wirtschafts- und Siedlungsraumes alle technisch denkbaren Maßnahmen ergriffen und stets fortgeführt werden.

Auf der anderen Seite stehen jedoch die Bedürfnisse des Natur- und Landschafts- und Gewässerschutzes, da der Mensch nur in einem intakten Ökosystem existieren kann. Deshalb wird es in anbetracht der zukünftigen siedlungspolitischen und klimatischen Entwicklungen verstärkt notwendig sein, zeitgenössisch notwendige und technisch durchsetzbare Maßnahmen mit einem regenerierenden und werterhaltenden Gewässerschutz abzuwägen.

7. Quellenverzeichnis

Fachliteratur

KLAUS-DIETER KLEEFELD (2001): Flusslandschaften zwischen Persistenz und Überformung. **In**: Koblenzer Geographisches Kolloquium. 23. Jahrgang. Koblenz

Internet

eur-lex.europa.eu/LexUriServ/site/de/oj/2007/l_288/l_28820071106de00270034.pdf

maps.google.de

te2100.dialoguebydesign.net/dbyd.asp

wtg.vivawasser.de/Themse/34173/revierinformationen.html?PHPSESSID=07d7021297c781016c81c4fc00648bf

wwp.greenwich2000.com/info/tousism/barrier.htm

www.bmu.de/gewaesserschutz/hochwasserschutz/doc/37811.php

www.bund.net/fileadmin/bundnet/publikationen/wasser/20070425_wasser_eu_hochwasserrichtlinie_bewertung.pdf

www.britannica.com/ebc/art-316/The-Thames-Baririer-consists-of-10-movable-gates-separated-by

www.dokufoto.de/displayimage--2134.html

www.environment agency.gov.uk/regions/thames/323150/335688/341764

www.floodlondon.com/floodtb.htm

www.jh-reisen.de/london-greenich.htm

www.freefoto.com/browse/31-69-0?ffid=31-69-0

www.news.bbc.co.uk/1/hi/england/london/4162905.stm

www.royal-navy.mod.uk/upload/img_400/illustrious1.jpg

www.teamdochnoch.de/AQUA/FloodBarrier/flood.html

www.thamesweb.com/topic.php?topic_name=Flood%20Defence

www.wasistwas.de/nc/aktuelles/artikel/link//0048cc75ee/article/schutz-vor-der-flut-thames-barrier/-965ed3b949.html

www.wasserwirtschaft.steiermark.at/cms/beitrag/10855815/5916156

www.wasserwirtschaft.steiermark.at/cms/ziel/4579406/DE/